El mundo que nos rodea

¿Qué es un océano?

Monica Hughes

Traducción de Paul Osborn

Heinemann Library

Chicago, Illinois

Customer Service 888-454-2279
Visit our website at www.heinemannlibrary.com

Page layout by Michelle Lisseter, Heinemann Library
Photo research by Maria Joannou, Erica Newbery, and Kay Altwegg
Printed and bound in China by South China Printing Company

09 08
10 9 8 7 6 5 4 3 2

Library of Congress Cataloging-in-Publication Data
A copy of the cataloging-in-publication data for this title is on file with the Library of Congress.
[What Is an Ocean? Spanish]
¿Qué es un océano? / Monica Hughes.
ISBN 1-4034-6585-1 (HC), 1-4034-6590-8 (Pbk.)
ISBN 978-1-4034-6585-6 (HC), 978-1-4034-6590-0 (Pbk.)

Acknowledgments
The publishers would like to thank the following for permission to reproduce photographs: Alamy p. **14**; Corbis pp. **4** (Nik Wheeler), **5** (Jim Sugar), **8** (Gabe Palmer), **9** (Ralph A. Clevenger), **10**, **20** (Kevin Fleming); Getty Images pp. **6**, **11** (Photodisc), **17** (Photodisc), **18** (Digital Vision), **22** (Digital Vision) **22** (Photodisc) **23b** (Digital Vision), **23c** (Photodisc), **23g** (Photodisc); Harcourt Education Ltd (Corbis) pp. **7**, **15**, **16**, **19**, **21**, **22**, **23a**, **23d**, **23f**; NHPA (Ralph Daphne Keller) pp. **12**, **23e**; Science Photo Library (Alexis Rosenfeld) p. **13**.

Cover photograph reproduced with permission of Corbis (Craig Tuttle).

Every effort has been made to contact copyright holders of any material reproduced in this book. Any omissions will be rectified in subsequent printings if notice is given to the publisher.

Many thanks to the teachers, library media specialists, reading instructors, and educational consultants who have helped develop the Read and Learn/Lee y aprende brand.

Special thanks to our bilingual advisory panel for their help in the preparation of this book:

Aurora Colón García
Literacy Specialist
Northside Independent School District
San Antonio, TX

Leah Radinsky
Bilingual Teacher
Inter-American Magnet School
Chicago, IL

Ursula Sexton
Researcher, WestEd
San Ramon, CA

Contenido

Unas palabras están en negrita, **así**.
Las encontrarás en el glosario en fotos de la página 23.

¿Has visto un océano?

Puede que hayas ido a la playa y mirado a través de un océano.

Hay océanos por todo el mundo.

Los océanos pueden ser cálidos
o fríos, y también pueden
ser peligrosos.

¿Qué ves al mirar un océano?

Un océano es una extensión inmensa de agua.

Desde debajo del agua un océano puede parecer tener muchos colores.

La superficie de un océano siempre está en movimiento.

A veces hay olas con **rompientes** blancas.

¿Qué sientes en un océano?

Algunos océanos son fríos, pero hay otros que pueden ser como un baño tibio.

Un océano es salado y puede que sientas la sal en tu piel.

A medida que un océano se mueve con la **marea,** el agua hace remolinos.

Puede que las plantas de un océano se sientan babosas o espinosas.

¿Qué ruidos hace un océano?

Cuando hay mucho viento, un océano suena como un animal que ruge.

Olas enormes se estrellan y rompen sobre las piedras de la **costa**.

Un océano es mucho más calmado cuando hay poco o nada de viento.

Las olas hacen un sonido suave al llegar a la playa.

¿Qué profundidad tiene un océano?

Donde un océano se encuentra con la playa, puede que esté muy **superficial**.

El agua es de color claro y es fácil ver el fondo.

Algunos océanos son tan profundos como los edificios más altos de las ciudades.

Donde un océano es profundo, los buceadores necesitan luces para poder ver.

¿Qué ancho tiene un océano?

Un océano es tan ancho que no puedes ver la tierra al otro lado.

En algunos océanos hay islas de tierra rodeadas por agua.

Hay diferentes países en los dos lados de un océano.

Se puede cruzar un océano solamente por avión o por barco.

¿Qué hay en la orilla de un océano?

A veces hay una playa de arena o piedritas en la **costa**.

Hay piedras y acantilados en las orillas de algunos océanos.

También se construyen ciudades en las orillas de algunos océanos.

Hay grandes **puertos** donde los barcos se cargan y descargan.

¿Qué vida hay en un océano?

Los océanos son hogar para muchas clases de plantas y peces.

Se pueden encontrar **corales** en algunos océanos.

Algunos **mamíferos** como las ballenas y los delfines viven en los océanos también.

Distintos animales y plantas viven a profundidades distintas.

¿Cómo usan las personas los océanos?

Se usan los océanos para proveer comida para muchas personas.

Se pescan los peces en redes y se traen a la tierra.

También se usan los océanos para transportar las cosas.

Barcos enormes llevan las cosas de un país a otro.

Prueba

¿Cuáles de estas plantas y animales viven en un océano?

Glosario en fotos

rompiente
página 7
parte de una ola que se estrella en contra de algo

coral
página 18
pequeñas criaturas que viven en algunos océanos y que parecen rocas coloridas

puerto
página 17
lugar en la orilla de un océano donde pueden entrar los barcos y botes

mamífero
página 19
animal que alimenta sus crías con leche

superficial
página 12
poco profundo

costa
páginas 10, 16
tierra en el borde de un océano

marea
página 9
movimiento del agua del océano

Nota a padres y maestros

Leer para buscar información es un aspecto importante del desarrollo de la lectoescritura. El aprendizaje empieza con una pregunta. Si usted alienta a los niños a hacerse preguntas sobre el mundo que los rodea, los ayudará a verse como investigadores. Cada capítulo de este libro empieza con una pregunta. Lean la pregunta juntos, miren las fotos y traten de contestar la pregunta. Después, lean y comprueben si sus predicciones son correctas. Piensen en otras preguntas sobre el tema y comenten dónde pueden buscar la respuesta. Ayude a los niños a usar el glosario en fotos y el índice para practicar nuevas destrezas de vocabulario y de investigación.

Índice

Respuesta a la prueba

Las ballenas, los corales, los peces y las algas viven en el océano.

24